MOLLUSQUES

DES

ILES ANDAMAN

(PREMIÈRE SÉRIE)

PAR

M. le Mᵠᵘⁱˢ Léopold DE FOLIN

BORDEAUX

IMPRIMERIE G. GOUNOUILHOU

11, RUE GUIRAUDE, 11

—

1879

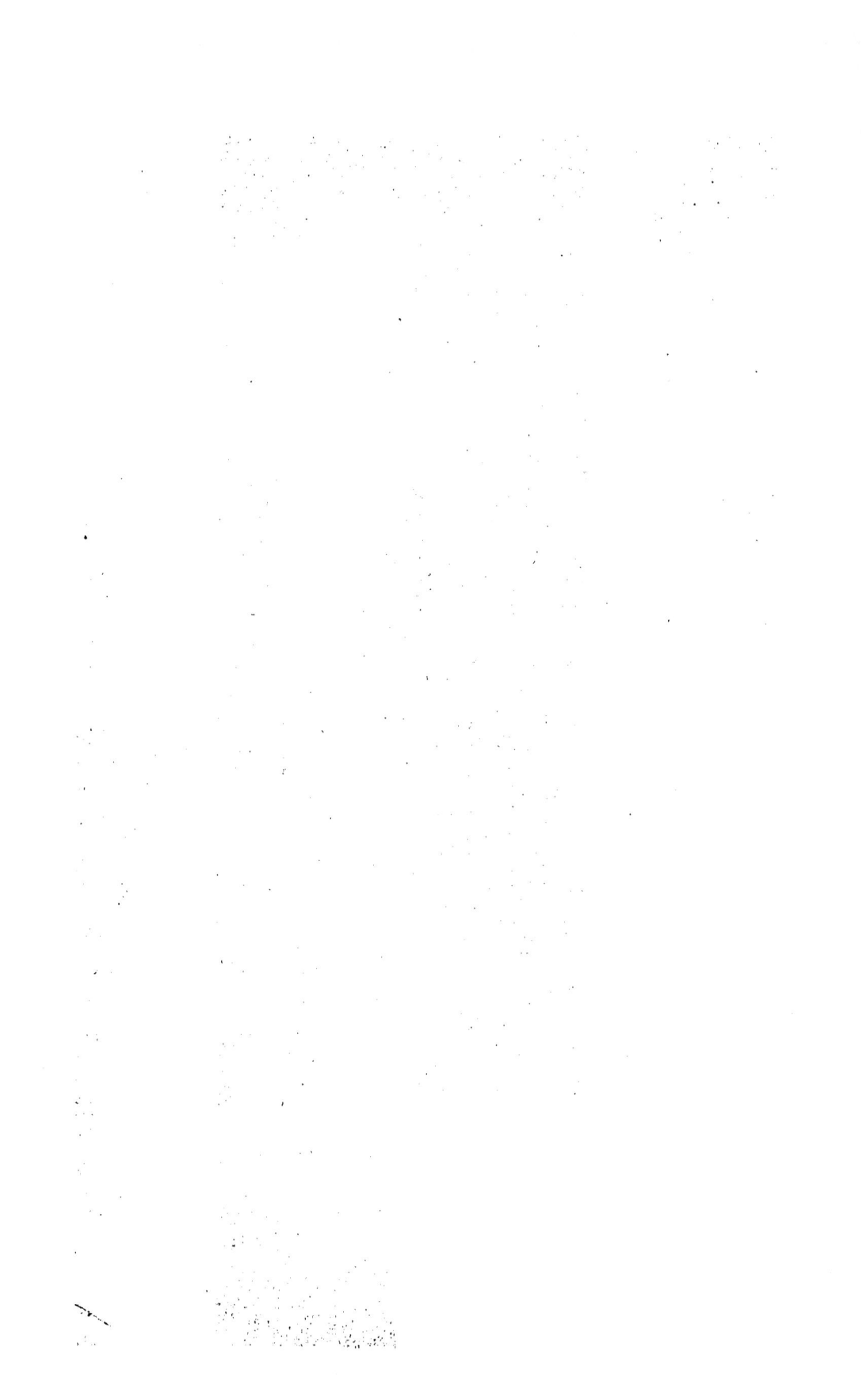

MOLLUSQUES

DES

ILES ANDAMAN

(PREMIÈRE SÉRIE)

PAR

M. le M^quis Léopold DE FOLIN

BORDEAUX

IMPRIMERIE G. GOUNOUILHOU

11, RUE GUIRAUDE, 11

—

1879

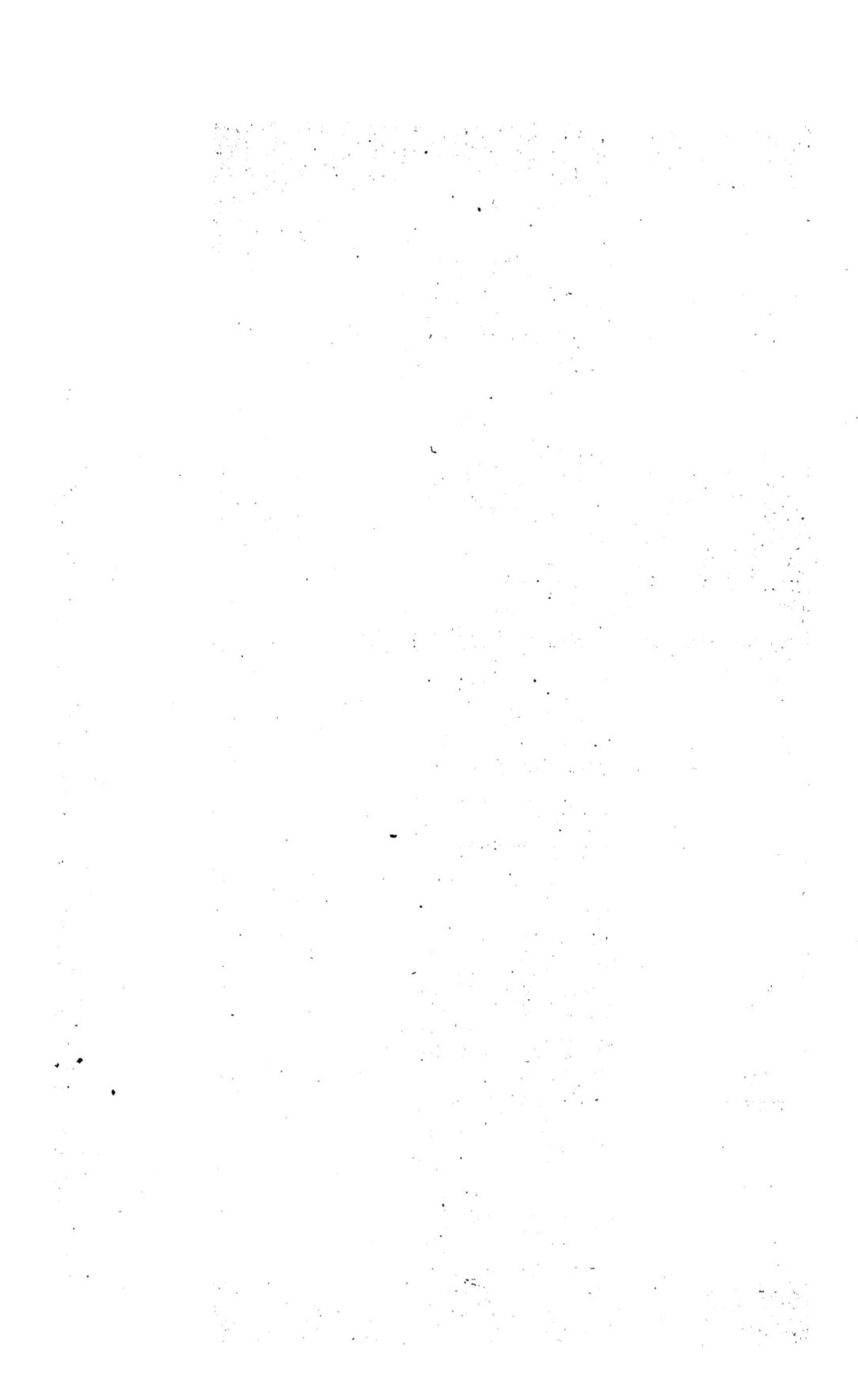

MOLLUSQUES

DES

ILES ANDAMAN

(Première série)

M. Geoffrey Nevill, le savant directeur de l'Indian Museum (de Calcutta), a bien voulu nous remettre un assez grand nombre de Mollusques provenant de dragages exécutés aux îles Andaman, par M. S. Wood Mason, attaché au même établissement scientifique. La détermination de ces nombreuses petites espèces étant une œuvre de patience qui demande beaucoup de temps, nous ne pouvons donner que peu à peu les résultats du travail [1].

Nous commençons par les *Chemnitzidæ* et quelques *Pleurotoma*.

Eulimella infundibulata (DE FOL.). Pl. VI, fig. 1.

Testa minuta, elongata, subcylindrica, parùm conica, lævis, crystallina, nitidissima; anfractus embryonales II, apex in plano superiore, normales VII, rapidè crescentes, suturà haud profundà sed perspicuà separati, primùm subrecti, dein inflati et incurvati; ultimus mediocris; apertura subpyriformis, infernè latior.

Long. : $2^{mm}3$; lat. : $0^{mm}6$.

Cette petite espèce, très cristalline, excessivement brillante et transparente, compte deux tours de spire embryonnaires et sept

---

[1] Les échantillons sont triés et ne sont accompagnés d'aucun spécimen de terrain.

1.

normaux. Elle est remarquable, parce que ces derniers, d'abord presque droits, s'élargissent vers les deux tiers de leur longueur et se courbent assez vivement pour revenir à la suture. Cet élargissement donne à chaque tour une certaine apparence infundibuliforme. La suture est bien marquée sans être profonde. Le dernier tour n'est guère plus grand que l'avant-dernier.

L'ouverture est relativement petite, piriforme; sa plus grande largeur se trouve tout à fait en bas.

La même espèce se rencontre aussi à Hong-Kong.

Eulimella cylindropsis (DE FOL.). Pl. VI, fig. 2.

Testa minuta, elongata, subcylindrica, lævis, nitida, albescens; anfractus normales VII?, lentè crescentes, ultimi in latitudine subæquales, ferè recti, suturâ lineari parùm profundâ juncti; apertura subpiriformis sed ad columellam supernè angulata.

Long.: $2^{mm}6$; lat.: $0^{mm}6$.

Le seul échantillon de cette espèce que nous ayons est dépourvu de la coquille embryonnaire; mais à la façon dont se montre le premier tour normal, il est facile de voir que c'est bien celui qui succède à ceux d'un axe différent. Ce tour, ainsi que le suivant, augmente assez vite de diamètre; puis, sur le troisième, c'est à peine si l'augmentation est sensible; sur le quatrième, elle s'aperçoit encore moins, et les derniers semblent avoir la même largeur, de telle façon que la coquille apparaît presque cylindrique. La suture est assez large et profonde, ce qui détache bien la spire.

L'ouverture n'a guère en largeur que la moitié du diamètre du dernier tour; elle est à peu près piriforme, quoique anguleuse, au point où le bord columellaire rencontre la paroi aperturale. Ce bord est légèrement courbe et se réfléchit en dehors.

Chemnitzia subemarginata (DE FOL.). Pl. VI, fig. 3.

Testa minuta, haud elongata, satis lata, subcylindrica, palido-fulva, nitida; anfractus embryonales II obliquè siti, apice dextroverso, normales V rapidè augentes, costis longitudinalibus, regularibus, validis, rotundatis ornati, suturâ parum profundâ, a costis crenulatâ, separati; ultimo anfractu maximo 1/3 testæ æquante; apertura lata, supernè restricta, subpiriformis, margine exteriore acuto, columellare, obliquo ad alterum continuato, peristomate continuo.

Long.: $2^{mm}5$; lat.: $0^{mm}7$.

Petite coquille légèrement fauve, assez allongée, subcylindrique, brillante, à deux tours de spire embryonnaires obliquement situés, avec le sommet, à droite, plus cinq tours normaux croissant rapidement et ornés de côtes longitudinales fortes, arrondies, séparées par des intervalles étroits, mais profonds. Suture crénelée par les côtes. Dernier tour égalant à peu près le tiers de la longueur totale, et sur la base duquel les côtes s'évanouissent. Ouverture peu allongée, presque aussi large que haute, à bord externe tranchant, à bord collumellaire réfléchi légèrement sur le bas, prolongé sur la paroi aperturale et rejoignant le bord externe en formant une petite fissure arrondie ; par suite, péristome continu.

Dunkeria latelirata (DE FOL). Pl. VI, fig. 4.

Testa minuta, elongata, conica, alba, nitida ; anfractus embryonales II ; normales VII, rapidè augentes, sutura parùm perspicua separati, liris spiralibus validis, subplanatis sed prominentibus ornati ; inter liras, interstitia satis lata costulis longitudinalibus minimis crenulata ; ultimo anfractu maximo, ferè dimidiam testæ æquante ; apertura parùm obliqua, piriformis, margine exteriore acuto, interstitiis crenulato.

Long. : 3^{mm} ; lat. : 1^{mm}2.

Jolie petite espèce, conique, blanche, brillante, bien caractérisée par son ornementation, qui consiste, sur les sept tours normaux, en cordons spiraux proportionnellement fort larges, assez proéminents, subarrondis sur leurs côtés et presque plans dans les parties saillantes, séparés par des intervalles assez profonds, marqués eux-mêmes de costules longitudinales fort petites et fort rapprochées. Le dernier tour est le plus grand, il égale presque la moitié de la longueur totale.

L'ouverture est légèrement oblique, assez allongée, piriforme ; son bord externe est tranchant, assez fortement échancré et festonné par les intervalles qui séparent les cordons.

Aclis crenulata (DE FOL.). Pl. VI, fig. 5.

Testa minima, elongata, alba, nitida ; anfractus gradati, spiraliter profundè sulcati, sulcis super latera intùs crenulatis ; apertura piriforme, supernè stricta, margine exteriore acuto, sulcis latà crenulata.

Cette remarquable espèce n'est représentée que par un unique échantillon dont la partie supérieure manque; cependant, il est si bien caractérisé, qu'aucune erreur n'est possible. Les tours de spire augmentent lentement en hauteur, mais la largeur augmente immédiatement, de sorte qu'en se succédant ils s'étagent sur la suture, qui, par suite, est peu apparente. Ils sont ornés, dans le sens de la spire, de deux profonds sillons finement crénelés sur leurs bords intérieurs. Sur le dernier tour existent trois sillons principaux, puis des sillons secondaires sur la base.

L'ouverture est piriforme et fort étroite dans le haut; son bord externe est tranchant et échancré par les sillons, ce qui le fait paraître festonné.

Turbonilla tæniata (DE FOL.). Pl. VI, fig. 6.

Testa, quoad genus satis magna, elongata, conica, leviter griseo-tincta, nitida; anfractus embryonales II, minimi, normales IX, lentè crescentes, subplanati, suturâ profundâ separati, ultimi tæniâ fulvâ cincti; apertura subquadrata, margine exteriore acuto, columellare reflexo, supernè valdè dentato.

Long. : 5mm5 ; lat. : 2mm.

Belle espèce, de taille assez grande pour le genre, allongée, conique, de couleur grisâtre et fort brillante. Les tours embryonnaires sont relativement petits, ce qui fait paraître la coquille acuminée et bien conique. Les neuf tours de spire normaux croissent lentement; ils sont presque plans, séparés par une suture profonde; sur les premiers, on n'aperçoit aucune ornementation, tandis que sur les derniers on découvre un ruban fauve assez large, situé vers le bas, aux environs de la suture. Sur le dernier, il y a deux rubans : un qui se trouve sur la périphérie, l'autre sur la base.

L'ouverture est presque quadrangulaire; le bord externe, qui est tranchant, fait un angle précisément au point où le ruban supérieur se termine sur lui. Le bord columellaire, qui est droit, se réfléchit assez vivement, et sur cette réflexion, vers le haut, vient se terminer une dent peu épaisse, presque lamelleuse, mais très saillante, s'arrondissant pour pénétrer au dedans de la coquille.

Turbonilla vittata (DE FOL.). Pl. VI, fig. 7.

Testa eleganter elongato-ovata, pallida, nitida; anfractus embryo-nales II 1/2, normales VIII, lentè crescentes, læves, subplanati, suturâ satis profundâ separati, ultimi infernè extùs vittâ fulvâ cincti, intùs lamellis spiralibus inducti; ultimus anfractus maximus, 2/3 testæ æquans, bivittatus; apertura subpiriformis, margine exteriore acuto, columellare supernè validè dentato.

Long. : 5^{mm}; lat. : 1^{mm}1.

Cette espèce, extrêmement élégante par sa forme ovale très allongée, par sa nuance jaune pâle et le ruban fauve qui orne les derniers tours, a une certaine analogie avec le *Turbonilla tæniata*. C'est le même ruban qui orne l'une et l'autre espèce, la même suture, mais la forme est tout autre; sur l'une, c'est un cône; sur l'autre, c'est une très longue ellipse. Elles diffèrent aussi par la coquille embryonnaire et par le nombre de tours de spire normaux, ici au nombre de huit.

L'ouverture diffère également; elle est piriforme et sans angles; le bord externe est tranchant, le test s'amincissant considérablement à son approche; le bord columellaire est arqué et réfléchi; il est armé, en haut, d'une forte dent et se continue sur la paroi aperturale pour rejoindre le bord externe, ce qui rend le péristome continu.

Le *T. vittata* se distingue du *T. tæniata* par la présence d'une série de lames spirales internes, assez saillantes, qui s'aperçoivent à travers le test, jusque fort en avant des premiers tours de spire.

Turbonilla Wood-Massoni (DE FOL.). Pl. VI, fig. 8.

Testa, quoad genus, magna, eleganter elongato-ovata, apice subacuminata, supernè rosea, infernè alba, nitida; anfractus embryonales II, minimi, normales VII satis rapidè augentes, suturâ perspicuâ separati; ultimus maximus, ferè dimidiam partem testæ æquans; apertura elongata, haud lata, margine exteriore paulò incrassato, infernè dilatato, basin superante, columellare dente parvâ ornato.

Long. : 7^{mm}; lat. : 2^{mm}.

Cette belle et remarquable espèce est d'une forme ovale, allongée, très élégante, acuminée par le haut, brillante, rosâtre sur la première moitié de la coquille, puis blanchâtre. Les deux tours de spire embryonnaires sont petits, les huit tours normaux sont séparés par une suture assez marquée, mais qui paraît peu profonde, parce que chaque tour surplombe légèrement le précédent; tous augmentent assez rapidement, et le dernier est de beaucoup le plus grand.

L'ouverture est allongée et assez étroite; son bord externe est légèrement épaissi, il se dilate dans le bas et s'étend en s'épanouissant, de telle sorte qu'il dépasse la base de la coquille; le bord columellaire rentre obliquement pour atteindre une petite dent peu proéminente, mais assez aiguë, située assez profondément. Nous avons dédié cette remarquable espèce à M. Wood-Masson, qui, comme nous l'avons dit, est l'auteur des dragages exécutés aux îles Andaman.

Note sur le **Turbonilla tumidulus** (DE FOL.).

Nous avons retrouvé, parmi les coquilles venant des îles Andaman, quelques beaux spécimens de cette espèce, originairement rencontrée dans nos dragages de Maurice et décrite *vol. II, p. 206, pl. IX, fig. 3*. Elle n'est pas toujours aussi ventrue que nous l'avons vue dès le principe, car un individu mesurant 9 millimètres a perdu cette grande largeur qui faisait paraître la coquille renflée; il en est de même d'un autre spécimen plus petit, mais si mince, qu'on pourrait le dire grêle. Cependant on rencontre des échantillons qui ont conservé le caractère du type. Sur nos nouveaux individus, le *nucleus* se détache mieux que sur ceux de Maurice, son sommet ne disparaît pas.

Turbonilla microcheilos (DE FOL.). Pl. VI, fig. 9.

Testa minuta, elongato-turrita, vitrea, nitida; anfractus embryonales II, perspicui, normales IV, rapidè crescentes, convexi, suturâ profundâ separati, ultimus maximus, 3/7 testæ æquans; apertura ovalis, supernè vix restricta, margine exteriore subacuto, columellare ïeviter reflexo, dentem minusculam vel plicam continuante.

Long. : $2^{mm}8$; lat. : $0^{mm}8$.

Fort gracieuse et fort jolie espèce, allongée, vitrée, transparente et brillante. Les tours de spire du *nucleus* sont bien apparents, le sommet est situé à gauche; les tours normaux, au nombre de cinq, croissent très rapidement; ils sont convexes et séparés par une suture profonde; le dernier est de beaucoup le plus grand.

L'ouverture est ovale, très peu rétrécie dans le haut; son bord externe est à peu près tranchant; le columellaire est légèrement oblique et réfléchi par en bas; c'est la continuation d'une très petite dent ou pli, qui s'enfonce à peu près dans la direction de l'axe de la coquille.

Turbonilla intùs-lirata (DE FOL.). Pl. VII, fig. 1.

Testa minuta, subovalo-conica, paululò elongata, albida, nitida; anfractus embryonales II, parùm expressi, normales V, rapidè augentes, ad suturam leviter convexi, suturâ satis profundâ separati, ultimus maximus, ferè dimidiam partem testæ æquans; apertura, piriformis, intùs lamellis VI spiralibus, parùm prominentibus, inducta, margine exteriore subacuto, paulò incrassato, columellare obliquo extùs angulato, dente validâ armato.

Long. : 3^{mm}; lat. : 1^{mm}.

Cette espèce présente un certain intérêt, en raison des lames spirales légèrement saillantes qui courent sur la surface intérieure des tours de spire. Elle est presque conique, un peu ovale, blanchâtre, très légèrement diaphane, brillante. Les tours embryonnaires sont peu apparents, quoique leur axe soit bien distinct de celui des tours normaux; ceux-ci sont au nombre de cinq et sont légèrement convexes aux environs de la suture, qui, par suite, est assez profonde. Le dernier est de beaucoup le plus grand.

L'ouverture est piriforme; son bord externe, très faiblement épaissi, est cependant presque tranchant. Le bord columellaire est oblique et montre une première ligne, ou arête intérieure, qui prend sur la dent et s'évanouit vers la base, puis une seconde ligne extérieure, faisant un angle en s'échappant de la dent assez forte qui arme le bord; ce bord se continue sur la paroi aperturale et rejoint ainsi le bord externe.

Turbonilla corpulens (DE FOL.), *var.* **minima** (DE FOL.).

Testa ovata, supernè acuminata, nitida, subdiaphana, albescens; anfractus embryonales II, parùm obliquè siti, normales VI, rapidè crescentes, leviter convexi, suturâ vix profundâ separati, ultimo anfractu maximo, aliquandò tænià leviter fulvotinctâ cincto; apertura piriformis, margine exteriore paululò incrassato, subacuto, columellare obliquo, infernè lato, supernè a dente intùs terminato.

Long. : 3^{mm}6; lat. : 1^{mm}1.

Nous avons déjà rencontré cette jolie espèce à Maurice, mais avec des dimensions beaucoup plus considérables (6 millimètres 1/2 de longueur). Nous pensons donc que les sujets des îles Andaman, qui sont tous de moitié plus petits, peuvent constituer la variété *minima*; leur coquille est ovale, acuminée par en haut, assez élargie sur le milieu, ce qui la rend ventrue; elle est blanchâtre, semi-transparente, brillante sur le dernier tour, où on distingue quelquefois un ruban d'une teinte fauve fugace à peine sensible. Les tours embryonnaires sont légèrement obliques; les normaux, au nombre de six, croissent rapidement; ils sont très peu convexes et séparés par une suture peu profonde, le dernier est de beaucoup le plus grand.

L'ouverture est piriforme, élargie par le bas; son bord externe est légèrement épaissi; le columellaire est assez élargi sur le bas et fait suite à une dent assez profondément située, il fait saillie sur la région du dernier tour, qu'il borde. Cette variété ressemble assez au *T. intùs-lirata*, mais elle en diffère par sa forme plus ovale, plus corpulente; ses tours de spire moins arrondis près des sutures, et l'absence des cordons spiraux à l'intérieur.

Parthenia fallax (DE FOL.). Pl. VII, fig. 2.

Testa elongato-turrita, albescens, diaphana, nitidissima; anfractus embryonales II, normales IX. rapidè augentes, primùm læves, dein costis longitudinalibus, parùm expressis, ornati, ultimi lirâ fulvescente cincti, suturâ satis profondâ separati, intùs lamellis spiralibus perspicuis sculpti; ultimus anfractus maximus, super peripheriam liram monstrans; apertura?, margo columellaris dente validâ armatus.

Long. : 5^mm; lat. : 1^mm1.

Le seul exemplaire de cette espèce que nous ayons entre les mains ne possède pas son ouverture complète, le bord externe manque; cependant le type est si bien caractérisé, que nous pouvons sans crainte la faire connaître. La coquille est allongée, turriculée, blanchâtre, très brillante, et assez diaphane pour qu'à travers le test on puisse très bien voir les lames spirales qui font saillie à l'intérieur; ces lames semblent croiser les côtes longitudinales ornant les tours de spire à partir du quatrième, et c'est ce qui, au premier coup d'œil, pourrait faire croire faussement à une ornementation extérieure spirale, en même temps que longitudinale. Au dehors on ne voit, en effet, que des côtes longitudinales peu exprimées et assez rapprochées les unes des autres. On compte deux tours embryonnaires et neuf tours normaux qui sont séparés par une suture assez profonde; sur les quatre derniers, un ruban fauve, peu teinté, court assez près de la suture; sur le dernier, il entoure la périphérie.

Parthenia Nevilli (DE FOL.). Pl. VII, fig. 3.

Testa quoad genus magna, elongato-turrita, elongata, albida, subdiaphana, nitidissima; anfractus embryonales II, apice sinistro, normales X, sensim crescentes, suturà satis profundà separati, sulcis longitudinalibus satis profundis, latè separatis, ornati; ultimus maximus, 1/5 testæ æquans; apertura subpiriformis, columella dente validà armata, intùs lamellis spiralibus ornata; lamellæ interiores perspicuæ super 2/3 testæ.

Long. : 7^{mm}5 ; lat. : 1^{mm}8.

Fort remarquable espèce, assez allongée, conique, blanchâtre, brillante et assez transparente. Elle compte deux tours embryonnaires, et dix normaux, qui sont séparés par une suture assez profonde et qui croissent peu à peu. Ceux-ci sont ornés par des sillons longitudinaux assez creux, mais peu larges, assez espacés les uns des autres; les intervalles qui les séparent paraissent alors comme de larges côtes. L'ornementation disparaît sur la base. L'ouverture est piriforme, son bord columellaire est armé d'une forte dent se détachant nettement dans le haut de la paroi aperturale et qui, en se contournant dans le bas, détache aussi la columelle. Le dedans de l'ouverture laisse voir une série de lames spirales qui s'enfoncent fort loin, car on les aperçoit parfaitement, par transparence, prolongées vers le sommet, jusqu'aux deux tiers de la coquille. Ces lames intérieures se retrouvent plus fréquemment sur les espèces de *Chemnitzidæ* des îles Andaman que sur celles des autres parages. Nous dédions cette belle espèce à M. Geoffrey Nevill, qui nous a communiqué cet intéressant lot de coquilles.

Stylopsis polyskista (DE FOL.). Pl. VII, fig. 4.

Testa elongato-turrita, satis lata, albida, nitida; anfractus embryonales ferè normales, apice occulto, normales VII, rapidè crescentes, convexi, suturà profundâ separati, costis longitudinalibus, satis validis et prominentibus, liris spiralibus minimis decussatis, ornati; ultimus anfractus majusculus ferè dimidiam partem testæ æquans; apertura ovata, supernè vix restricta, margine exteriore acuto, columellare infernè paululò reflexo, dente satis valida armato, supernè ad marginem exteriorem continuato, intùs lamellas spirales numerosas, haud profundè evanescentes, monstrante.

Long. : 6^{mm} ; lat. : 1^{mm}8.

Fort remarquable espèce, assez allongée, assez large, de forme assez élégante, blanchâtre ou légèrement grisâtre, assez brillante. Les tours embryonnaires, au nombre de deux, sont à peine déviés, et leur sommet se trouve caché sous le tour suivant. Les tours normaux sont au nombre de sept et croissent très rapidement; ils sont assez convexes et séparés par une suture profonde; leur ornementation consiste en côtes longitudinales qui ne sont séparées les unes des autres que par des intervalles étroits, peu proéminents et par de petits cordons spiraux réguliers croisant les côtes. Celles-ci disparaissent sur la région tout à fait inférieure de la coquille, et l'ornementation spirale seule persiste. Le dernier tour est de beaucoup le plus grand.

L'ouverture est ovale, faiblement rétrécie par en haut; le bord externe est tranchant; le bord columellaire est oblique et se prolonge sur la paroi aperturale jusqu'à l'insertion de l'autre, ce qui rend le péristome continu; sur son milieu, ce bord est armé d'une assez forte dent à partie culminante aiguë; il se réfléchit légèrement par le bas. Au dedans de l'ouverture, on aperçoit de nombreuses lames qui en garnissent le fond; ces lames sont fortes et assez saillantes vers le bord externe, mais diminuent rapidement et disparaissent bientôt; elles n'en constituent pas moins un caractère spécial.

Stylopsis textus (DE FOL.). Pl. VII, fig. 5.

Testa elongato-turrita, supernè acuminata, albida, subdiaphana, nitida; anfractus embryonales II, normales VI, rapidè crescentes, gradati, leviter convexi, suturâ satis profundâ separati, strigis longitudinalibus et spiralibus decussati; ultimus anfractus majusculus, dimidiam partem testæ æquans; apertura piriformis, margine exteriore acuto, columellare infernè paulò reflexo, dente parvulâ supernè terminato.

Long. : 3^{mm}7 ; lat. : 1^{mm}1.

Coquille allongée, turriculée, blanchâtre, presque transparente et brillante. Les tours embryonnaires s'enroulent dans un plan bien perpendiculaire à celui des tours normaux, lesquels sont au nombre de six et croissent rapidement en s'étageant : ceux-ci sont séparés par une suture assez profonde et sont ornés par le croisement de stries longitudinales et spirales, ce qui donne au test l'aspect d'un tissu. Le dernier tour est de beaucoup le plus grand. L'ouverture est piriforme, légèrement oblique; son bord externe est tranchant; le columellaire fait suite à une faible dent qui paraît le terminer par en haut, il est faiblement réfléchi par le bas.

Odostomia canaliculata (DE FOL.). Pl. VII, fig. 6.

Testa minuta, satis elongata, conica, albida, nitida; anfractus embryonales II, minimi, apice dorsale, normales VI, sensim crescentes, primi paululò gradati, ultimi infernè et supernè carinati, a sequente, canale separati, ultimus majusculus, ferè dimidiam partem testæ æquans, carinâ super peripheriam persequens; apertura subovalis, margine exteriore subacuto, columellare a dente validâ armato; intùs lamellas monstrante.

Long. : 3mm8; lat. : 1mm5.

Cette espèce est assez allongée, blanchâtre, brillante. Elle se compose de deux petits tours embryonnaires, qui sont suivis de six tours normaux; les premiers s'étagent avec une suture assez profonde, les trois derniers sont carénés sur leur partie supérieure et inférieure; la suture se trouve ainsi au fond d'un canal assez large et assez profond qui sépare ces tours les uns des autres. Le dernier est de beaucoup le plus grand : il mesure à peu près la moitié de la coquille entière; la carène inférieure de l'avant-dernier tour se prolonge sur la périphérie en y traçant un léger cordon à peine saillant, mais qui la rend anguleuse.

L'ouverture est ovale, la dent columellaire est très prononcée et se contourne pour pénétrer au dedans. On aperçoit pareillement au dedans des lamelles qui se prolongent assez en avant.

Odostomia ellipsoidea (DE FOL.). Pl. VII, fig. 7.

Testa minima, ovata, primùm paululo lutea, dein albescens, nitida; anfractus embryonales minimi II, parùm inclinati, apex dextrorsus, normales IV, satis rapidè crescentes, suturâ vix profundâ juncti, ultimus majusculus, 3/5 testæ æquans; apertura piriformis, supernè angusta; margine exteriore subacuto, columellare incrassato, dente minima armato.

Long. : 2mm5; lat. : 1mm.

Espèce de forme ellipsoïde, jaunâtre vers le sommet, blanchâtre sur la partie inférieure, et brillante. Quelques stries longitudinales irrégulières se remarquent sur les derniers tours. Les tours embryonnaires sont fort petits, très peu inclinés, avec le sommet sur la droite; les quatre tours normaux qui les suivent sont séparés par une suture à peine profonde. Le dernier est de beaucoup le plus grand : il mesure les trois cinquièmes de la longueur totale.

L'ouverture est piriforme, assez rétrécie dans le haut; son bord externe est presque tranchant; il s'épaissit à la base pour venir former le bord columellaire, qui est armé d'une dent assez petite.

Odostomia vitrea (DE FOL.). Pl. VII, fig. 8.

Testa minima, ovato-conica, parùm elongata, diaphana, vitreas nitida; anfractus embryonales II, apice dorsale, normales V, satis convexi, rapidè augentes, à suturâ perspicuâ separati, ultimus maximus, ferè 3/5 testæ æquans; apertura piriformis, margine exteriore subacuto, columellare dente satis validâ armato; intù, lamellas minimas monstrante.

Long. : 2mm6 ; lat. : 1mm.

Cette espèce, vitreuse, diaphane, brillante, se distingue par sa forme ovalo-conique, due à la courbe que dessine chacun des tours de spire; ces tours sont séparés par une suture assez profonde et croissent assez rapidement; le dernier est le plus grand.

L'ouverture est piriforme et a son bord externe presque tranchant; son bord columellaire est armé d'une assez forte dent; à l'intérieur, on aperçoit, par transparence, une série de lamelles spirales très fines, à peine accentuées.

Noemia arctelirata (DE FOL.). Pl. VII, fig. 9.

Testa minuta, ovato-oblonga, albida, nitida; anfractus embryonales I 1/2, apice dextrorso, normales V, subgradati, satis rapidè augentes, suturà crenulatà separati, costis longitudinalibus et liris spiralibus, minimis, inter costas perspicuis, ornati; supernè costæ sulcatæ; ultimus anfractus maximus, dimidiam partem testæ æquans; apertura piriformis, margine exteriore subacuto, columellare paulò reflexo, dente satis validâ armato.

Long. : 3mm3 ; lat. : 1mm3.

Coquille de forme ovale allongée, presque acuminée par le haut, blanchâtre, brillante, portant un tour et demi embryonnaire avec le sommet situé sur la droite et cinq tours normaux, séparés par une suture légèrement crénelée par l'ornementation ; cette ornementation consiste en côtes longitudinales entre lesquelles on aperçoit de petits cordons spiraux assez serrés les uns contre les autres. Sur le haut de chaque tour, les côtes sont légèrement coupées par un sillon peu profond et assez large, qui forme comme un bouton sur leurs sommets. Le dernier tour est de beaucoup le plus grand : il mesure à peu près la moitié de la coquille entière.

L'ouverture est piriforme ; son bord externe est presque tranchant ; le bord columellaire se réfléchit légèrement par en bas, pour venir ensuite rejoindre une dent assez saillante dont il est armé.

Noemia megacheilos (DE FOL.). Pl. VIII, fig. 1.

Testa minima, ovato-oblonga, albida, subdiaphana, nitida ; anfractus embryonales II, apice sinistro ; normales V, rapidè augentes, parùm gradati, ferè recti, costis longitudinalibus et sulcis spiralibus decussati ; ultimus maximus, dimidiam partem testæ æquans ; apertura parùm angusta, subpiriformis, margine columellare dente magnâ armato.

Long. : 3mm ; lat. : 1mm2.

Espèce blanchâtre, de forme ovalo-conique, presque transparente et brillante ; deux tours embryonnaires avec leur sommet à gauche ; cinq tours normaux s'étageant en croissant assez rapidement et dont l'ornementation consiste en côtes longitudinales assez rapprochées, coupées par des sillons spiraux bien prononcés, ce qui forme une réticulation à mailles saillantes. Le dernier tour est le plus grand : il est un peu plus convexe que les autres.

L'ouverture est assez rétrécie, tout en conservant un aspect piriforme ; son bord columellaire, qui s'évase légèrement sur le bas, est armé d'une forte dent.

Pleurotoma microcerata (DE FOL.). Pl. VIII, fig. 2.

Testa minuta, haud elongata, subovalis, apice acuminata, alba ; anfractus VIII, primi fulvi, sublœvi, alteri rapidè crescentes, albi, suturâ vix perspicuâ separati, a costis longitudinalibus subacutis latè distantibus, longitudinaliter striatis, et liris spiralibus, validis, subacutis, clathrati et echinati ; ultimus anfractus majusculus, dimi-

diam partem testæ æquans; apertura satis lata, subovalis, margine
exteriore subacuto, undulato, emarginulâ haud profundâ semirotun-
datâ separato.

Long. : 6ᵐᵐ ; lat. : 2ᵐᵐ6.

Espèce assez large en raison de sa longueur, presque ovale et
acuminée vers le sommet. Les trois premiers tours sont fauves; sur
le troisième, on aperçoit de petites côtes longitudinales blanchâtres;
les cinq autres croissent rapidement, surtout en largeur; ils sont
blancs, la suture qui les sépare est peu sensible, elle disparaît sous
l'ornementation; celle-ci consiste en côtes longitudinales, larges à
leur base, proéminentes, subtranchantes sur leur partie culminante,
et striées longitudinalement. Des cordons spiraux assez forts, sub-
tranchants eux-mêmes sur leur partie culminante, croisent les côtes
et forment, en chevauchant sur celles-ci, des pointes saillantes qui
hérissent la coquille. Vers la base, un assez large espace demeure
sans cordons, puis un second cordon apparaît et couronne une
espèce de troncature, à la suite de laquelle se retrouvent deux orne-
ments de même genre sans traces des côtes qui bordent plus loin la
fissure du canal. C'est surtout sur ces points que le *Pleurotome* paraît
cornu, grâce à son ornementation accentuée.

L'ouverture est oblique, à peu près ovale entre le canal et la
fissure; celle-ci est peu profonde et se creuse en demi-cercle.

Pleurotoma bidentata (DE FOL.). Pl. VIII, fig. 3.

Testa elongato-angusto-ovalis, apice obtusiuscula, alba, fasciis
fulvis spiralibus ornata; anfractus VII, rapidè crescentes, à costis
longitudinalibus et liris spiralibus eleganter decussati, suturâ satis
perspicuâ separati; ultimus majusculus, 2/3 testæ æquans; apertura
satis elongata, leviter angusta, columellâ infernè, à dente truncatâ,
margine exteriore acuto, extùs valdè incrassato, intùs primùm nor-
male dein leviter inflato et crenulato, supernè et infernè dentato,
emarginulâ latâ separato.

Long. : 8ᵐᵐ ; lat. : 3ᵐᵐ.

On pourrait à première vue rapporter cette jolie coquille au
P. Reeveana (Deshayes, *Catalogue des Mollusques de la Réunion*,
p. 106, pl. XXXIX, fig. 5-7). Mais si elle a la même forme et presque
la même ornementation, elle en diffère par de nombreux points.

D'abord, le nombre des tours de spire n'est pas le même : on n'en compte que sept au lieu de neuf; l'ouverture est ensuite plus étroite et tout autrement caractérisée. La columelle est tronquée subitement et se termine, en bas, par une tuméfaction qui forme dent; le bord columellaire coupe cette troncature à angle à peu près droit, et par un revêtement calleux, il se prolonge jusqu'à la fissure. Le bord externe est formé, à la suite d'un bourrelet extérieur fort épais et fort large, par une arête subtranchante, bordée intérieurement d'une marge lisse; aussitôt après, un épaississement assez léger forme un second bourrelet interne faiblement crénelé sur toute son étendue, mais terminé en haut et en bas par une assez forte saillie en forme de dent. Le canal est large, la fissure aussi.

Pleurotoma obesa (DE FOL.). Pl. VIII, fig. 4.

Testa minima, ovato-curta, ventricosa, apice acuminata, primùm alba, dein rosea; anfractus VII, primi stricti lœves, alteri multò latiores rapidè augentes, costis longitudinalibus latis, prominentibus, paululò sed profundè separati, et liris spiralibus decussantibus ornati; ultimus, majusculus, 3/4 testæ æquans; sutura satis perspicua; apertura satis elongata, valdè angusta, dupliciter incurvata; columella à margine dextro distincta, margine exteriore crasso, intùs regulariter crenulato, emarginulà satis profundà separato.

Long. : 4mm5; lat. : 2mm1.

Remarquable espèce, dont les trois premiers tours, blancs, lisses et très étroits, donnent à la coquille un aspect très acuminé au sommet; le quatrième tour s'élargit subitement, puis les trois autres augmentent aussi rapidement, surtout en largeur, ce qui donne à l'ensemble un aspect obèse. Les quatre derniers tours sont d'une nuance rose fort coquette; ils sont ornés de larges et fortes côtes longitudinales très peu séparées, mais dont la proéminence rend les intervalles profonds; les cordons spiraux croisent par dessus les côtes et les accidentent fort élégamment; la suture est assez distincte. Le dernier tour est de beaucoup le plus grand : il mesure les trois quarts de la longueur totale; il se resserre beaucoup vers le bas, et contribue encore plus à donner à la coquille son apparence d'obésité.

L'ouverture est longue, fort étroite; elle se courbe en S; sa largeur est presque la même partout, aussi bien dans le canal que dans la fissure; son bord droit est en dehors de la columelle, que l'on aperçoit avec peine, faisant une saillie à l'intérieur de l'ouverture et se cour-

bant tout différemment que celui-ci. Le bord externe a une grande épaisseur, carrément limitée par deux arêtes assez vives, lesquelles sont, comme le bord lui-même, régulièrement crénelées.

Pleurotoma cincta (DE FOL.). Pl. VIII, fig. 5.

Testa minima, elongata, fusiformis, infernè paulò dilatata, apice obtusiuscula, brunea; anfractus VIII, primus angustus, lævis, cæteri lentè crescentes, primùm tuberculosi, ultimi costis longitudinalibus supernè validis, infernè decrescentibus, et liris spiralibus decussantibus ornati, supernè ad suturam lirâ majore subacutâ cincti; ultimus anfractus ferè dimidiam partem testæ æquans, dilatatus dein restrictus; apertura haud elongata, satis lata, margine columellare subrecto, exteriore acuto supernè, emarginulâ profundâ separato.

Long. : 7mm; lat. : 2mm5.

Petite coquille à sommet obtus, d'un brun légèrement rouge, dont la spire compte huit tours croissant lentement : le premier est lisse; le second et le troisième paraissent tuberculés; les autres sont ornés de côtes longitudinales qui s'élargissent subitement, puis s'atténuent en rétrécissant ainsi la coquille vers la suture. Près de celle-ci, un fort cordon spiral large d'abord, puis bientôt tranchant, domine la naissance des côtes; d'autres cordons spiraux beaucoup moins forts croisent ces côtes et forment avec elles une réticulation assez régulière sur le dernier tour. Ce dernier tour est le plus grand, il se dilate vers son milieu, puis se rétrécit, de sorte que la coquille est quelque peu acuminée par le bas.

L'ouverture est peu allongée, assez large; le bord columellaire est presque étroit; l'extérieur est presque tranchant, légèrement festonné par les cordons et se détache fortement par suite de la profondeur de la fissure. Le canal est très large (presque autant que l'ouverture), il s'enfonce peu. L'aspect dilaté que prend le dernier tour, vers la partie où se trouve la fissure, rend la coquille remarquable.

Pleurotoma gracilis (DE FOL.). Pl. VIII, fig. 6.

Testa minuta, elongato-turrita, gracilis, apice leviter acuminata, pallida; anfractus VI, rapidè crescentes, costis longitudinalibus et liris spiralibus clathrati, sutura satis profunda, à costis crenulata separati, ultimus anfractus maximus 3/5 testæ æquans; apertura elongata, angusta, dupliciter incurvata, margine exteriore extùs valdè incrassato, rotundato, intùs subacuto, crenulato, emarginulâ profundâ extùs dilatatâ separato.

Long. : 3^{mm} ; lat. : 1^{mm}.

Petite espèce allongée, grêle, acuminée vers le sommet et de couleur jaune pâle. Les sept tours qui composent la spire croissent rapidement ; ils sont ornés par un croisement assez régulier de côtes longitudinales bien séparées et de cordons spiraux. L'ouverture est allongée, très étroite, doublement courbée en S ; son bord externe est formé par un fort bourrelet arrondi, terminé, vers l'intérieur, par une arête subtranchante, crénelée par l'extrémité des cordons spiraux ; il est séparé par une fissure assez profonde, s'évasant au dehors et s'ouvrant presque à angle droit. Le canal s'ouvre dans la direction de l'axe ; il est peu profond, mais assez large.

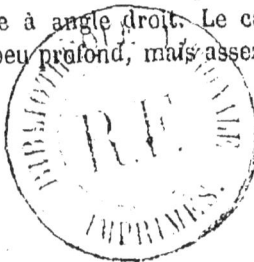

Bordeaux. — Imp. G. GOUNOUILHOU, 11, rue Guiraude.

www.ingramcontent.com/pod-product-compliance
Lightning Source LLC
Chambersburg PA
CBHW070216200326
41520CB00018B/5664